RÉSUMÉ

DES

CONFÉRENCES AGRICOLES

SUR LES FUMIERS,

Faites, dans les cantons ruraux, par ordre
des Conseils généraux
de la Seine-Inférieure et du Calvados,

Par MM. J. GIRARDIN et J. MORIÈRE,

Professeurs d'agriculture à Rouen et à Caen.

PRIX : 30 CENT.

ROUEN

IMPRIMERIE DE A. PÉRON,
Rue de la Vicomté, 55.

1852.

RÉSUMÉ

DES

CONFÉRENCES AGRICOLES

SUR LES FUMIERS,

Faites, dans les cantons ruraux, par ordre
des Conseils généraux
de la Seine-Inférieure et du Calvados,

Par MM. J. GIRARDIN et J. MORIÈRE,

Professeurs d'agriculture à Rouen et à Caen.

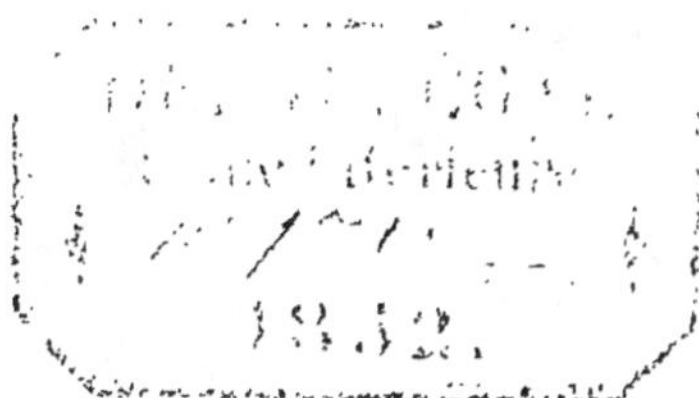

PRIX : 30 CENT.

ROUEN

IMPRIMERIE DE A. PÉRON,
Rue de la Vicomté, 55.

1852.

En 1848, le Conseil général de la Seine-Inférieure, en 1851, le Conseil général du Calvados ont institué des conférences nomades sur les fumiers et autres engrais. Déjà un assez grand nombre de cantons des deux départements ont été parcourus, et partout nos paroles ont été écoutées avec faveur, nos conseils ont été suivis dans ce qu'ils avaient de plus immédiatement applicable ; de grands résultats ont été obtenus.

Nous avons été sollicités, dans toutes les réunions d'agriculteurs, de publier un résumé de nos conférences, afin qu'après notre passage dans une localité, il restât un souvenir matériel de nos idées, un *memento* pour le cultivateur que sa mémoire aurait trahi.

C'est pour satisfaire à ces désirs, si souvent exprimés, que nous publions cet abrégé. Nous avons cherché à le rendre aussi concis et aussi clair que possible.

Nous profiterons de cette circonstance pour remercier publiquement Messieurs les préfets de la Seine-Inférieure et du Calvados de leur bienveillant patronage et des encouragements qu'ils n'ont cessé de nous accorder. Nous continuerons à faire tous nos efforts pour justifier le choix dont ils nous ont honorés, et pour remplir autant qu'il sera en notre pouvoir, les bienfaisantes intentions, les philantropiques pensées des Conseils généraux de nos deux départements.

J. GIRARDIN, de Rouen.
J. MORIÈRE, de Caen.

I.

DE LA PRODUCTION DU FUMIER.

Les engrais sont la base de l'agriculture.

Il serait aussi impossible d'entretenir des troupeaux sans leur donner à manger, que de cultiver des terres sans leur rendre, par des engrais, les substances nutritives que leur enlèvent les récoltes qu'elles produisent chaque année.

Les substances nutritives que les terres perdent continuellement, par l'enlèvement des récoltes, sont :

1º Le *terreau*, ce principe actif des bons sols;

2º des matières minérales, telles que la chaux, la potasse, et certains *sels* analogues au sel ordinaire que nous mangeons.

De tous les engrais à employer, le meilleur, c'est le *fumier* des animaux de ferme, parce qu'il offre la réunion de tous les principes différents qu'exigent les diverses sortes de récoltes pour leur parfait développement.

On peut, à la rigueur, avoir un mauvais assolement, faire de pitoyables labours, mais on ne peut se passer de fumier.

Avec du fumier, en suffisante quantité, on fait produire à la terre la plus ingrate de riches récoltes, on transforme les sols les plus arides en terrains fertiles.

Le fumier est donc l'engrais dont on doit favoriser le plus la production.

Pour y parvenir, il faut remplir plusieurs conditions, à savoir :

1° Faire beaucoup de fourrages;

2° Avoir un nombre de bestiaux proportionné à la surface que l'on cultive;

3° Donner à ces bestiaux une nourriture abondante;

4° Leur fournir assez de litière pour ne rien perdre de leurs déjections.

Voyons chacune de ces conditions en particulier.

1. *Faire beaucoup de fourrages.*

Presque partout, on donne la plus forte part des terres d'une exploitation aux plantes épuisantes, blé, colza, etc.; on n'a pas assez d'herbages, on ne fait pas assez de prairies artificielles.

On oublie trop qu'avec de l'herbe en abondance, on peut nourrir plus de bestiaux, qu'avec des bestiaux bien nourris, on a plus de fumier, et qu'avec plus de fumier, on peut avoir, sur une moindre surface de terre, autant et plus de grains qui font venir les écus à la ferme.

Les chevaux, les bœufs, les vaches, les moutons, les porcs, ce sont des machines vivantes à fumier qu'il faut multiplier le plus possible.

Or, le moyen le moins dispendieux de les multiplier, c'est d'avoir des prairies sèches ou arrosées, des trèfles, des luzernes, des sainfoins; le tiers au moins du faire-valoir doit y être employé, parce que ces cultures-là consomment peu ou point de fumier, et en produisent beaucoup.

Un vieux proverbe a dit avec raison :

QUI A DU FOIN, A DU PAIN !

2. *Avoir beaucoup de bestiaux.*

La prospérité de toute entreprise agricole dépend du nombre d'animaux qui y sont nourris.

Ils rendent à la terre, par les fumiers, ce qu'ils lui ont emprunté pour leur nourriture, et par les produits divers qu'ils fournissent, tels que lait, beurre, fromage, laine, chair, cuir, etc, ils paient avec usure les soins du cultivateur.

Les bestiaux, c'est la véritable richesse du cultivateur, et lorsque celui-ci est intelligent, il met tous ses soins à en accroître le nombre, parce qu'en agissant ainsi, il sait bien, qu'outre les bénéfices qu'il retirera de leurs divers produits, il aura plus de fumier, et, par suite, de plus abondantes récoltes.

Dans les fermes où il y a peu de pâturages, on peut entretenir une tête de gros bétail d'un poids moyen, ou dix moutons, ou cinq porcs, par 175 ares.

Sur un sol de bonne qualité, au moyen de la nourriture à l'étable, et un bon système de culture alterne, on peut facilement charger chaque hectare d'une tête de gros bétail et même plus.

Lorsqu'il faut plus de deux hectares pour suffire à l'entretien d'une tête, c'est que le sol est pauvre, ou l'assolement mauvais, ou la direction inhabile.

3. *Donner une nourriture abondante.*

La plus grande quantité de fumier n'est pas produite, toutefois, par le plus grand nombre de bêtes, mais par la plus grande quantité de fourrage consommé.

De là, la nécessité de leur donner une nourriture abondante.

Les bêtes ne produisent rien par elles-mêmes ; elles ne peuvent que convertir en fumier le fourrage qu'on leur donne.

Une partie de ce fourrage est absorbée par les bêtes pour leur entretien ; l'autre est rendue sous forme d'excréments et forme ce qu'on appelle le *fumier*.

Plus la nourriture donnée aux bêtes est substantielle, plus le fumier contient de principes fertilisants.

Une bête maigre fait moins de fumier, et ce fumier est inférieur en qualité à celui d'une bête grasse.

Une bête bien nourrie produit deux fois autant de fumier qu'une bête mal nourrie.

4. *Donner une litière abondante.*

Avec la disposition générale des étables, écuries, bergeries, porcheries, dans

la plupart des fermes, il est de toute nécessité de mettre sous les animaux assez
de paille ou de litière, pour absorber
complètement les urines et donner aux
excréments assez de solidité pour qu'on
puisse les enlever facilement et les répar-
tir plus convenablement dans le sol que
l'on veut engraisser.

C'est une mauvaise pratique que de
vendre les pailles de l'exploitation, puisqu'on nuit ainsi à la production des
fumiers.

VENDRE SA PAILLE, dit un vieux pro-
verbe campagnard, C'EST VENDRE SON
FUMIER; ET QUI VEND SON FUMIER, VIDE SON
GRENIER.

Lorsqu'on manque de paille, il faut la
remplacer par des bruyères, des fougères,
des genêts, des roseaux, des feuilles

d'arbre, de la mousse, des gazons, de la tourbe, de la sciure de bois, etc.

Les fanes de sarrasin et de colza, qu'on a le tort de brûler dans les champs après le battage des grains, doivent être associées, comme les autres plantes précédentes, à la paille des céréales pour former la litière.

Dans les colonies agricoles de la Hollande et de la Belgique, sur les bords du Rhin, dans la Bavière rhénane, en Bretagne, on a adopté cet usage. On apporte ainsi une économie notable dans la dépense de la paille, on enrichit le fumier et on obtient un bon coucher pour le bétail.

On peut encore remplacer les pailles par de la terre sèche, ainsi que cela se pratique en Angleterre, en Allemagne, en

Suisse. On recouvre cette terre, chaque jour, par une nouvelle couche, et on renouvelle la masse lorsqu'elle est suffisamment imprégnée par les déjections.

En choisissant la terre suivant la nature du sol à fertiliser, c'est-à-dire une terre sablonneuse ou calcaire pour les champs lourds ou argileux, et réciproquement, on obtient à la fois les effets d'un engrais et ceux d'un amendement dans les terrains à cultiver.

Outre la terre et le sable, une légère couverture de paille, ou de toute autre substance végétale, est toujours convenable pour le maintien de la propreté des animaux.

Le grand avantage que présente ce système de litières avec les mauvaises plantes, la tourbe, la terre, c'est de permettre au fermier d'avoir un plus grand nombre d'animaux, puisqu'il peut faire servir à leur nourriture, en les mêlant à d'autres fourrages, ses pailles qui auraient été employées uniquement comme litière.

Retenez bien, en effet, qu'économiser la paille de litière, non pour la vendre, mais pour l'appliquer toute entière à la nourriture du bétail, c'est améliorer le régime alimentaire, c'est accroître le nombre des producteurs d'engrais. Il est certain que la paille, mangée par les animaux, double de valeur par l'effet de l'animalisation qu'elle acquiert, après avoir été soumise au mécanisme de la digestion.

Dans tous les cas, la quantité de litière végétale doit varier avec la nature et la dose des aliments administrés aux animaux. Par conséquent, elle ne doit pas être toujours la même d'un bout à l'autre de l'année. Ainsi, par exemple, les animaux nourris en vert exigent plus de litière que ceux qui sont approvisionnés en fourrages secs.

Pour le cheval, la quantité de litière sèche doit être au moins égale en poids à celui du fourrage consommé.

Les bêtes bovines en exigent davantage, parce que leur nourriture est plus aqueuse, et que, par cela même, leurs excréments sont plus mous.

Pour les porcs, il en faut plus encore, en raison de la plus grande fluidité de leurs déjections.

Quant aux moutons, leurs crottins

étant secs, ce n'est que pour recueillir leurs urines qu'on leur fournit de la litière, et il y a, pour ceux-ci, tout avantage à la remplacer par des terres bien sèches, additionnées d'un peu de plâtre, ce qu'on fait déjà dans nombre de localités.

II.

FAUTES COMMISES DANS LES FERMES,

A propos des fumiers.

Lorsqu'on voit ce qui se passe dans la plupart des fermes, il semble vraiment qu'on ait disposé les choses de manière à avoir le moins de fumier possible et à tirer de celui qu'on a le plus mauvais parti.

Ainsi, les bâtiments d'exploitation sont éloignés les uns des autres, le mélange des divers fumiers ne peut se faire convenablement, le plus souvent, même, il ne se fait pas du tout, et chaque espèce de fumier forme un tas séparé que l'on transporte indistinctement sur la portion de terre qui est libre, sans se préoccuper le moins du monde de la nature de cette terre.

Qu'arrive-t-il de là? C'est qu'à une terre forte, froide, humide, on donne du fumier de vache, qui est un *engrais froid*, tandis qu'on porte le fumier de cheval ou de mouton, qui est un *engrais chaud*, sur une terre poreuse, sèche et légère. On fait donc l'opposé de ce qui devrait avoir lieu.

Ainsi, encore, au sortir des écuries et des étables, on entasse le fumier dans une cour dont le sol est plus bas que celui qui l'entoure, et on l'abandonne, sans aucun soin, à toutes les intempéries de l'air, souvent pendant 8 à 10 mois.

Il advient que, pendant l'été, ce fumier est desséché outre mesure, et qu'en hiver, il est en quelque sorte submergé par les eaux qui arrivent de toutes parts. Ces eaux le dépouillent de la majeure partie de ses principes actifs, forment dans la cour une nappe infecte et boueuse d'un suc noirâtre qui, peu à peu, s'é-chappe en pure perte au dehors, et va corrompre les mares voisines ou engraisser les chemins.

Que reste-t-il, après 8 à 10 mois, d'un fumier qui est ainsi livré à tant de causes d'altération? Des pailles presqu'entièrement dépourvues de ces sels et de ces sucs si nécessaires à la végétation.

Il est vraiment déplorable de voir perdre le jus ou *purin* du fumier, car il renferme, outre des matières analogues au terreau, et toutes prêtes à servir d'aliment aux plantes, la presque totalité des substances salines des fourrages.

Dans tous les pays bien cultivés, on attache un grand prix à ce *purin*, parce-qu'on a reconnu, depuis longtemps, que c'est un engrais puissant qui fait rendre aux prairies naturelles et artificielles, que l'on arrose avec lui, des quantités de fourrages dont nous n'avons pas d'exemple en France.

Mathieu de Dombasle, cet habile cultivateur de Roville, estimait à 3 fr. la valeur d'un tonneau de purin de 6 hectolitres; et, d'un tas de fumier de 12 mètres de long sur 7 de large et 1^m 1/2 de haut, il recueillait annuellement 150 tonneaux de purin représentant 450 fr. en argent.

On peut donc dire du cultivateur qui par négligence, paresse ou parcimonie, laisse couler son purin dans les mares ou sur les chemins, QU'IL JETTE SON ARGENT A L'EAU, OU, QU'IL SÈME SES PIÈCES DE CENT SOUS SUR LES ROUTES.

Généralement les étables et les écuries sont si mal disposées qu'on perd la plus grande partie des urines rendues par les animaux, et qu'on ne met à profit que celles qui imprégnent la litière.

Lorsqu'on sait que chaque homme

produit 625 gram. d'urine par jour, soit 228 kil. par an, c'est-à-dire de quoi engraisser plus d'un are de terrain ;

Que chaque vache en donne 8 kil. 200 par jour, ou 2993 kil. par an, c'est-à-dire de quoi fumer 24 ares ;

Qu'un cheval rend 1500 gram. d'urine par jour, soit 547 kil. par an, c'est-à-dire de quoi fertiliser 7 ares ;

On voit qu'elles pertes énormes chaque fermier éprouve, à la fin de l'année, par pure insouciance.

Effets produits par l'urine employée en arrosement.

Les cultivateurs de la Suisse et de la Flandre ne commettent pas la faute que

nous signalons. Chez eux, sous toutes les
étables et écuries, pavées et en pente, il
y a des citernes dites *pissotières*, dans
lesquelles viennent se rendre les urines
que les litières n'ont pas retenues. Après
un séjour plus ou moins long dans ces réservoirs, on les répand sur les champs en
forme d'arrosement, au moyen d'une voi-
ture semblable à celle des porteurs d'eau.

(*Voir la Figure* 1).

Au moyen de cette pratique, les fermiers flamands vendent sur pied, jusqu'à
5ooo fr., l'hectare de lin, arrosé avec ce
liquide.

Les prairies sur lesquelles on pratique
plusieurs arrosages avec l'urine étendue
de 2 parties d'eau, fournissent plusieurs
coupes de fourrage vert dans l'année.

On double facilement la récolte des betteraves en arrosant les jeunes plantes avec de l'urine coupée d'eau, de manière à ce qu'elle ne marque que 1 degré au pèse-sels. D'un hectare, qui sans ce moyen ne produisait que 40,000 kil. de racines, nous avons vu récolter, en 1849, jusqu'à 87,000 kil. de magnifiques betteraves par suite des arrosements.

Un cultivateur du duché des Deux-Ponts, sur les bords du Rhin, a des récoltes de 250,000 kil., et ses racines pèsent moyennement de 8 à 9 kilogr.

Il y a donc un très grand avantage, pour le cultivateur, soigneux de ses intérêts, à paver le sol des étables et des écuries, à donner au sol une légère inclinaison pour que les urines non absorbées par la litière, puissent se réunir dans une rigole,

qui les conduise dans une citerne infé-
rieure placée en dehors des bâtiments et
couverte.

On peut alors utiliser ces urines, soit
pour arroser les tas de fumier, soit pour
arroser directement, au primtemps, les
prairies naturelles et artificielles.

*Influence de la disposition des étables sur
la production du fumier.*

La disposition des étables a beaucoup
plus d'influence qu'on ne le suppose généralement sur la production du fumier.

En Belgique, les cultivateurs estiment
que chaque vache nourrie à l'étable produit, année commune, 32,500 à 39,000
kil. de fumier; presque partout ailleurs,
les faits de pratique les mieux observés

montrent qu'une bête bovine ordinaire de 4oo kil. ne donne pas plus de 5 à 6,ooo kil. de fumier par an.

Mais en Belgique, les étables ont une construction spéciale, éminemment favorable à la bonne conservation des fumiers.

Il y a, en avant des bêtes, un trottoir planchéié ou cimenté A *(fig. 2e)*, sur lequel on dépose le fourrage et les baquets aux aliments liquides. Sous ce trottoir règne une galerie voûtée B, pour conserver les racines. Les animaux sont placés sur un plancher C, légèrement incliné d'avant en arrière, et derrière eux existe un passage large et un peu enfoncé D, dans lequel se rendent toutes les urines et où l'on jette tous les jours le fumier qu'on a enlevé sous les bêtes. On vide ce fumier lorsqu'il s'accumule trop.

Par cette disposition très simple, rien n'est perdu de toutes les déjections et le fumier, préparé dans ces conditions, est d'excellente qualité et très abondant, lorsqu'on peut donner au bétail une quantité de litière suffisante pour absorber toutes les urines.

Mathieu de Dombasle a toujours obtenu avec l'étable belge une quantité de fumier double de celle que lui donnait le même nombre de bêtes, recevant la même nourriture et placées dans une étable ordinaire.

Du bœuf à l'engrais, qui ne sortait pas de l'étable, il obtenait 25,350 kil. d'engrais, tandis que du bœuf de trait, passant la moitié du temps dehors, il n'en retirait que 7,800 kilog.

La vache laitière, maintenue à l'étable, lui donnait 19,5oo kil. de fumier, tandis que la vache qui passe la journée au pâturage en fournit au plus 11,000 kil.

Donc, pour obtenir d'un nombre donné de bestiaux la plus grande quantité de fumier possible, il faut les nourrir toute l'année à l'étable, leur administrer une nourriture copieuse, et une litière assez abondante pour absorber toutes leurs déjections.

Valeur comme engrais des excréments des animaux de ferme.

Les excréments des divers animaux de ferme sont loin d'avoir la même valeur comme engrais, parce qu'ils n'ont pas la même composition chimique.

D'après les proportions relatives des matières animales qu'ils renferment, la science fixe ainsi qu'il suit le nombre de kilog. qu'il faut de chacun d'eux pour fumer un hectare aussi complètement qu'avec 3o,ooo kilog. de fumier de ferme bien préparé.

Excréments de chèvre.	5,550 kilog.
—	de mouton	10,800
—	mixtes de cheval (avec urine). . .	16,200
—	mixtes de porc. . .	19,020
—	solides de cheval. .	21,810
—	mixtes de vache . .	29,250
—	solides de vache. .	37,500

Des différences non moins grandes se présentent pour les urines comme on le voit par le tableau suivant :

Nombre de kilogrammes d'urine de chaque espèce pour fumer un hectare de terre, en remplacement de 30,000 kilogrammes de bon fumier de ferme :

Urine d'un cheval buvant très peu. 4,590

Urine d'un cheval nourri au foin et à l'avoine. 7,740

Urine d'un cheval nourri avec du trèfle vert et de l'avoine.. 8,130

Urine d'une vache nourrie avec du regain et des pommes de terre. 13,035

Urine d'homme.. 16,758

Urine d'une vache laitière. 27,270

Urine d'un porc nourri de pommes de terre un peu salées.. 52,401

Généralement, il y a plus d'avantage à réunir dans la même fosse ou sur le même tas les différentes sortes d'excréments produits dans une ferme. Ce mélange est le plus sûr moyen d'obtenir le meilleur engrais possible, les défauts d'une espèce étant corrigés par les qualités de l'autre.

Cette pratique est surtout très bonne dans les pays de plaines, où les terres arables sont toutes assises à peu près sur le même sol, et ne présentent que des variations insignifiantes.

Ce n'est que dans les vallées où le sol diffère, pour ainsi dire, à chaque pas, ou bien dans les grandes exploitations, où l'on se livre nécessairement à certaines cultures industrielles, qu'il peut-être convenable de ne pas opérer le mélange des diverses espèces d'excréments et d'appliquer à chaque nature de terre l'espèce qui lui convient le mieux; la fiente de porc et la bouse de vache aux sols secs, sableux et chauds; le crottin de cheval, la fiente de mouton aux sols froids et humides.

III.

CONSERVATION DU FUMIER.

Il ne suffit pas d'avoir égard aux diverses circonstances qui peuvent influer sur la production du fumier, il faut encore savoir le conserver de manière à ce qu'il ne perde aucun de ses principes utiles, pendant tout le temps qu'il restera sans être mis en terre.

Et d'abord, il ne faut pas laisser le fumier trop longtemps dans les étables.

Ce qu'il y a de plus raisonnable, c'est d'enlever la litière tous les 8 ou 12 jours, et d'en mettre de la fraîche sur l'ancienne tous les 2 ou 3 jours. On arrive ainsi à obtenir de bons fumiers, sans compromettre la santé des animaux. Le piétinement opéré par les bêtes rend toutes les parties du fumier plus homogènes, brise la paille et active sa conversion en terreau.

Beaucoup de cultivateurs croient qu'en laissant les animaux séjourner pendant 8 à 12 jours sur une litière humide, on risque de faire développer chez ces derniers des maladies, de l'enflure aux jambes et que pour les chevaux surtout ce système est dangereux.

Tous les faits de pratique viennent détruire ces craintes. Bornons-nous à en rapporter un seul.

Dans ces derniers temps, l'administration de la Guerre, qui a tant d'intérêt à diminuer les chances de maladie et de mort chez les chevaux de la troupe, a fait faire des expériences spéciales dans plusieurs régiments ; on élevait successivement la litière des animaux de manière à ce que les couches les plus imprégnées restassent toujours dessous ; on n'enlevait le fumier que tous les huit jours. On s'est assuré qu'il n'y avait point de vapeurs piquantes causées par le séjour du fumier, circonstance qui s'explique très bien par le tassement des matières fermentescibles, et que cette méthode n'avait aucune influence fâcheuse sur la santé des chevaux.

Aujourd'hui ce système est généralement adopté dans les régiments.

Les fumiers s'emploient sous deux états : non fermentés tels qu'ils sortent des étables; c'est ce qu'on appelle *fumiers longs, frais* ou *pailleux*, et à l'état de pourriture complète, convertis en une espèce de masse pâteuse qui se coupe à la bêche comme du beurre, ce qui les a fait désigner sous le nom de *beurre noir* dans beaucoup de pays.

Le *fumier frais* est un engrais très lent, qui ne convient réellement que lorsqu'il s'agit d'influer sur une longue suite de récoltes, mais qui presque toujours fait perdre du temps, c'est-à-dire un capital tout aussi précieux que l'argent déboursé. En effet, 1,000 fr. représentés par du fumier qui produit toute son action en un an, rapportent un intérêt bien plus grand que 1,000 fr. représentés par du fumier qui produit son effet en cinq ans.

Une putréfaction avancée, comme celle des fumiers amoncelés dans les cours des fermes, n'est pas moins préjudiciable. La chaleur ne tarde pas à s'élever considérablement dans le centre de la masse ; la couche fume, des gaz et des vapeurs se dégagent en abondance et sont ainsi perdus pour la végétation ; les sels solubles et les matières organiques sont entraînés par le purin qui s'écoule dans les mares ou sur les chemins, et le volume du fumier diminue de plus en plus.

Pour arriver à l'état de *beurre noir*, le fumier perd 25 o/o de son volume primitif, de sorte de 100 voitures de fumier frais se réduisent à 75 voitures de fumier consommé.

Un tas de fumier abandonné à l'air éprouve en :

81 jours une perte de 26 0/0.
254 — id. 35 0/0.
384 — id. 37 0/0.
395 — id. 52 0/0.

Le fumier de couche épuisé, qui a cessé d'émettre la chaleur qui annonce la continuation de la fermentation, a perdu plus de la moitié de sa masse, plus de la moitié de ses principes solubles, et les 2/3 de l'élément le plus utile que l'on appelle *azote*.

Le fermier qui, soignant mal ses fumiers, a, en outre, la mauvaise habitude de ne les porter aux champs qu'une fois par an, perd près de la moitié de ses engrais, c'est-à-dire qu'au lieu d'avoir 100 voitures de bon fumier il n'en trouve plus que 65 de mauvaise qualité.

C'est entre les deux extrêmes qu'il faut se placer, pour obtenir des fumiers le plus d'effet utile comme engrais.

Au sortir des étables, il convient de les mettre en tas, pendant quelque temps, pour qu'ils éprouvent une légère fermentation qui amollisse ou aplatisse toutes les pailles, donne à celles-ci une couleur brune, un aspect gras et rende les diverses parties homogènes. La masse est alors dans le meilleur état pour se convertir promptement dans le sol en principes solubles et gazeux, les seuls utiles à la nutrition des plantes.

Cette macération des fumiers longs, bien différente de la putréfaction qu'ils subissent habituellement pour arriver à l'état de *beurre noir*, n'exige que fort peu de temps de conservation en tas : six semaines ou deux ou trois mois, suivant la saison.

Elle augmente singulièrement leur valeur comme engrais, et leur communique cette rapidité d'action si nécessaire dans la majorité des cas.

Disposition du tas de fumier.

Pour amener la litière d'étables et d'écuries à l'état de *fumier normal,* il faut savoir disposer le tas de fumier de manière à ne rien perdre des produits utiles

et à pouvoir diriger la fermentation à son
gré.

Un des moyens les plus commodes et
les plus économiques consiste à mettre
les litières en un tas sur un espace plat
et de niveau avec le sol environnant, mais
dont le fond est glaisé de manière à ne
permettre aucune infiltration.

Cet espace, auquel on peut donner 12^m
de long sur 7^m de large, présente une
légère pente vers l'un des côtés de manière
à ce que le purin puisse couler de lui-mê-
me dans un réservoir, de 2 mètres carrés sur 1^m de profondeur, placé à la partie
la plus basse de l'emplacement.

*(Voir la **Figure** 3.)*

Tout autour du tas de fumier règne
une rigole pour recevoir les égouts, et

au dehors de cette rigole on établit un
petit relèvement de terre qui empêche le
purin de sortir et les eaux extérieures de
s'y mélanger. Dans le réservoir est placée
une pompe fixe en bois, au moyen de la
quelle on peut verser le purin, soit sur le
tas de fumier pour l'arroser, soit dans un
tonneau placé sur une charrette pour le
conduire sur les prairies.

On dépose le fumier sur cet emplacement, en ayant soin de l'étendre, lits par
lits, et de le tasser afin d'éviter des vides
qui donneraient lieu à la *moisissure* ou au
blanc; on élève verticalement toutes les
faces du tas jusqu'à la hauteur de $1^m 1/2$.

Pour éviter que l'ancien fumier ne se
trouve toujours enfoui sous le nouveau,
comme cela arrive communément, on
établit en face du premier emplacement

un second rectangle, ou bien, sur l'unique emplacement, on forme deux ou trois divisions que l'on charge et que l'on enlève successivement, en ayant soin de donner à tous ces tas contigus la même élévation, si bien que, de loin, ils aient l'apparence d'un seul tas régulièrement rectangulaire.

Le fumier, ainsi disposé, ne tarde pas à s'échauffer et à entrer en fermentation, surtout après un ou deux arrosages, que l'on fait, en commençant, avec de l'eau pure amenée d'une mare ou d'un puits voisin dans le réservoir souterrain. Par un travail d'une couple d'heures, on pénètre d'eau jusqu'au fond un énorme tas de fumier. Il faut veiller à ce que la chaleur ne dépasse pas 28 degrés centigrades. Lorsqu'elle s'élève au-delà, on modère la fermentation par des arrosements fréquents avec le purin.

En dirigeant dans le réservoir les urines des étables et des écuries, au moyen de conduits en bois peu coûteux, et en plaçant du côté opposé à la pompe les latrines des garçons de ferme et des ouvriers, on réunit sur un seul point tous les éléments de fertilité que produit une ferme.

Pour moins d'une centaine de francs, on peut soi-même, avec ses ouvriers, construire une excellente fumière. La plupart du temps, si le sol est argileux, il n'y a aucune construction à faire; le trou à purin pourra être creusé à même le sol, sans qu'il soit besoin d'un revêtement en briques; on pourra même le remplacer par une vieille cuve enfoncée dans le sol.

Une pompe en bois n'est même pas indispensable; deux ouvriers avec des seaux pourront très bien faire les arrosements.

Moyen de fixer l'ammoniaque dans les fumiers.

Il y a, dans le purin et dans les fumiers, un principe essentiel qu'il faut tout faire pour ne pas perdre; ce principe n'est autre chose que l'*alcali volatil* ou *ammoniaque* qu'on emploie pour faire revenir à elles les personnes qui se trouvent mal, et que, souvent même, vous employez pour dissiper le gonflement de vos bêtes qui ont mangé des fourrages trop humides au printemps. Pour fixer cette ammoniaque, il suffit d'ajouter dans le réservoir à purin un peu de *couperose* ou d'*huile de vitriol*, ou *d'esprit de sel*, ou de *plâtre*.

La quantité de couperose ou d'huile de vitriol à employer ne peut être assignée à l'avance ; elle doit varier suivant la nature et l'état des fumiers. Il faut éviter d'en mettre un excès, d'abord par mesure d'économie, ensuite pour ne pas nuire plus tard à la végétation.

Si l'on emploie les acides, toujours moins chers que la couperose, on n'en met dans le réservoir que la proportion nécessaire pour entretenir dans le liquide et dans le tas de fumier une légère acidité ; ce que l'on constate par un *papier bleu de tournesol*, qui doit être ramené faiblement au rouge (1).

____

(1) On trouve le papier de tournesol chez tous les pharmaciens.

Si l'on se sert de couperose, que l'on se procure à raison de 6 à 7 fr. les 100 kil., on en introduit quelques kilog. seulement à la fois dans le réservoir, et lorsque les arrosages sont faits avec le purin ainsi additionné, on plonge au centre du fumier un papier rouge de tournesol, qui ne doit plus être ramené au bleu ou que très faiblement par les vapeurs humides qui sortent du tas. Cela prouve que toute l'ammoniaque produite par la fermentation est neutralisée, et l'on n'ajoute de nouvelle couperose dans le purin que lorsque les progrès nouveaux de la fermentation donnent naissance à une nouvelle production d'ammoniaque.

M. de Béhagues, si connu par ses succès aux concours de Poissy, a obtenu d'excellents effets de la couperose, en

l'ajoutant au purin dans la proportion de
2 kil. par hectolitre.

Lorsqu'on veut faire usage du plâtre
pour arrêter les vapeurs ammoniacales,
il ne faut pas le jeter dans la fosse à
purin, parce qu'étant très peu soluble
dans l'eau, il reste en partie au fond du
réservoir ; il vaut mieux en saupoudrer
les lits de fumier à mesure qu'on monte
le tas, suivant la méthode de M. Didieux.

Ce cultivateur de la Haute-Marne a
trouvé qu'il est préférable de mêler le
plâtre au fumier au lieu de le répandre
sur les jeunes plantes, comme on le fait
habituellement, car alors il opère sur
toutes les récoltes, même sur les céréales.
Voici comment opère M. Didieux :

La place à fumier, préparée convenablement, reçoit 2,500 kil. de fumier frais,
que l'on étend par couches successives
et que l'on saupoudre de 20 litres de
plâtre cuit et en poudre. En moins de
24 heures, la fermentation du fumier
dégage, par l'effet du plâtre, une odeur
forte et pénétrante, qui persiste pendant
5 à 6 jours. La décomposition des pailles
est prompte; jamais il n'y a de fumier
blanc ni de moisissures. Ce compost
s'emploie au bout de deux mois.

Le fumier plâtré, employé à la même
dose que le fumier ordinaire, enfoui en
octobre, dans une terre préparée pour le
blé, fait produire 1/3 en plus en pailles,
en balles et en grains. Le trèfle semé
dans le blé offre, avant l'hiver qui suit
la récolte des céréales, une belle végé-

tation, et, l'été suivant, il fournit 1/3 de plus de produits que le trèfle plâtré à la méthode ordinaire. Les récoltes qui succèdent au blé et au trèfle se ressentent encore, pendant trois ans, des effets du fumier plâtré.

On sait que, dans le plâtrage ordinaire des prairies artificielles, une partie du plâtre que l'on sème est fort mal répartie ou emportée par les vents ; ce plâtrage ne réussit, d'ailleurs, que lorsque le temps a été favorable à l'opération.

Tous les inconvénients du plâtrage ordinaire disparaissent avec la nouvelle méthode de M. Didieux.

M. de Douhet , habile agronome de l'Auvergne, conseille, de son côté, d'employer comme litière de la terre sèche plâtrée, unie à un peu de paille. Il place sous le bétail, lorsque l'étable est bien nettoyée, un lit léger de paille, de feuilles ou de débris végétaux qu'il recouvre de terre sèche; il sème sur cette terre 1 kil. de plâtre par tête de bétail et par chaque demi-mètre cube de terre; il recouvre le tout d'un léger lit de paille. Lorsque cette litière se défonce par le piétinement et l'abondance des déjections, il ajoute, pour la raffermir, de la terre sèche qu'il plâtre et de la paille nouvelle. Enfin, lorsqu'on vide l'étable, on incorpore au mélange autant de kil. de sel marin qu'on a employé de mètres cubes de terre.

Toutes les semaines, chaque tête de bétail transforme ainsi en engrais plus d'un demi-mètre cube de terre. M. de Douhet regarde cet engrais comme plus puissant

et plus durable que le fumier ordinaire ;
il décuple, par ce moyen, la masse de
ses engrais, il y trouve une grande économie de paille, et il peut nourrir ainsi
plus de bestiaux.

M. de Douhet emploie encore, avec
un très grand avantage, le plâtre sur le
parcage des moutons : 2 à 3oo kil. suf-
fisent pour saupoudrer le parcage d'un
hectare. On répand le plâtre sur le sol,
au moment où les animaux entrent au
parc. Ce procédé rend l'effet du parcage à la fois plus intense et plus pro-
longé.

Dans tous ces emplois du plâtre, on
peut parfaitement remplacer le plâtre
cuit par le plâtre cru, ce qui procure une
notable économie.

En résumé, par la méthode simple et peu coûteuse indiquée précédemment pour disposer le tas de fumier, qu'on agisse avec ou sans plâtre, avec de la couperose ou des acides, on obtient, en 2 ou 3 mois, un engrais parfaitement fait dont toutes les pailles sont bien amollies, qui n'a perdu aucun de ses principes utiles, et dont l'action, par conséquent, est bien supérieure à celle du fumier abandonné, dans les cours, à toutes les vicissitudes atmosphériques.

Lorsque les tas de fumier ne doivent pas être employés immédiatement, il faut les garantir du soleil et de la pluie par un hangard, ou, plus économiquement, par un simple appenti en paille, une couverture de bruyère, de gazon, ou mieux encore, par une couche de terre mélangée de plâtre cru en poudre, de quelques centimètres d'épaisseur. Cette terre qui retient les gaz fertilisants devient elle-même un excellent engrais.

Les fumiers, ainsi garantis, peuvent se conserver, sans rien perdre de leur énergie, pendant un an au moins.

Dans le département du Nord, on entoure souvent les fosses à fumier d'une plantation d'ormes qui les préserve du soleil et des vents desséchants. Comme il arrive que le contact continuel du purin avec les racines de ces arbres en fait périr un grand nombre, il vaut mieux planter des *peupliers blancs ou gris* qui résistent très bien à l'action corrosive du purin.

Des dimensions à donner au tas de fumier.

Les dimensions à donner à la fumière doivent être calculées d'après le nombre d'animaux nourris dans la ferme. Voici comment on peut les établir :

Un cheval produit approximativement,
dans l'année. . . . . 15 m. cub. de fumier.
Une vache, passant 6 mois
hors de l'étable. . . . 11 m. cub. —
Un mouton, restant 6 mois
hors de la bergerie.. . . 1 m. 30. —

En supposant le tas de fumier élevé à la hauteur de 1 mètre 1/2, la surface nécessaire est donc en mètres carrés :

Pour un cheval . . . . . . 10 m. car. 10 c.
Pour une vache . . . . . 7 m. car. 6 c.
Pour un mouton . . . . . 0 m. car. 87 c.

Qu'il faut multiplier par le nombre de têtes de ces divers animaux.

Soit, par exemple, une ferme conte-

nant 6 chevaux, 8 vaches et 100 moutons.
On obtient, dans l'année, en fumier :

Pour les 6 chevaux, 10 m. c. mult. par 6 = 60 m. c. 6.
 — les 8 vaches,   7 m. 6 mult. par 8 = 60 m. c. 6.
 — les 100 moutons 0 m. 87 mult. p 100 = 87 m. c. 0.
                                        ____
Ce qui fait en tout . . . .   208 m. c. 2.

Cette surface de 208 mètres carrés sera
obtenue au moyen de deux aires carrées
de 10 mètres de côté chacune, séparées
par un intervalle d'un mètre environ,
dans lequel sera établi le réservoir au
purin. Celui-ci pourra avoir 2 mètres de
long sur 1 mètre de large, avec une profondeur de 1 mètre 1/2.

Lorsqu'on a la bonne habitude de porter le fumier aux champs deux fois par
an, la surface nécessaire à la fumière se
trouve réduite de moitié, et alors il suffit

pour recevoir le fumier de 2 aires carrées de 8 mètres de côté chacune.

Si la cour de la ferme n'est pas assez grande pour y mettre l'emplacement au fumier, sans gêner les autres services, il vaut mieux placer l'atelier au fumier en dehors et parallèlement aux étables, dont les eaux doivent être conduites par des rigoles couvertes dans la fosse à purin.

En résumé, lorsqu'on établit un emplacement à fumier, quelle que soit la forme qu'on lui donne et les dispositions accessoires que l'on suive, il faut satisfaire aux conditions suivantes :

1° Recueillir tout le purin dans un réservoir placé de manière à ce qu'il soit facile de reverser, au besoin, ce liquide sur le fumier;

2° Ne laisser arriver sur le fumier aucune eau étrangère;

3° Garantir le fumier d'une évaporation trop prompte et des lavages opérés par les eaux pluviales;

4° Donner à l'emplacement du fumier une largeur suffisante, pour qu'il ne soit pas nécessaire d'élever le tas à une trop grande hauteur;

5° Faire sur cet emplacement assez de divisions ou de tas pour que l'ancien fumier ne se trouve pas toujours enfoui sous le nouveau.

6° Enfin disposer l'emplacement de telle sorte que les voitures puissent en approcher facilement, et qu'il ne faille pas de trop grands efforts pour enlever des charges un peu lourdes.

IV.

COMMENT ON DOIT EMPLOYER LE FUMIER.

Il ne suffit pas de produire beaucoup
de fumier au meilleur marché possible,
et de savoir l'amener par une bonne fermentation dans l'état sous lequel il est le
plus profitable à la végétation; il faut en-

core savoir l'employer convenablement,
et de manière à ce qu'il produise la plus
grande somme de résultats dans le plus
court espace de temps ; car, plus on mul-
tiplie les récoltes d'un terrain sans l'ap-
pauvrir, plus on fait rapporter d'intérêt
à son argent.

Presque partout, on a la mauvaise habitude de charrier les fumiers trop longtemps à l'avance sur la terre et de les y
laisser amoncelés, soit en une seule
masse, soit, plus ordinairement en petits
tas, jusqu'à l'époque où l'on éparpille le
fumier à la surface pour l'enfouir, plus
tôt ou plus tard, par le dernier labour de
semailles.

Rien ne nuit plus aux fumiers que de
rester ainsi exposés des journées entières
à l'action de l'air, de la pluie ou du

soleil : ils éprouvent des pertes énormes en gaz fertilisants dans les chaleurs, ou en purin dans les temps pluvieux. Certaines parties du sol, dans ce dernier cas, sont engraissées trop fortement, tandis que les autres souffrent du manque d'engrais et ne donnent que de chétifs produits.

Un fermier belge qui verrait conduire aux champs les fumiers un ou 2 mois avant l'époque nécessaire, qui apercevrait les petits tas qu'on en fait et la manière dont on éparpille ce fumier à la surface du sol, pour le laisser se dessécher et se réduire presque à rien avant de l'enfouir; ce fermier s'en retournerait chez lui, persuadé que nos cultivateurs normands ont beaucoup trop d'engrais, puisqu'ils font tout ce qu'il faut pour leur faire perdre de leur énergie et de leur volume.

3

Sachez-le, dans les pays bien cultivés, on a grand soin de ne porter les fumiers aux champs que lorsqu'il y a possibilité de les enterrer immédiatement; on les épand aussitôt et très également à la surface, puis on les enfouit, sans plus attendre, par un labour léger. Une fois que les fumiers sont enterrés, ils ne perdent plus rien, parce que la terre qui les recouvre absorbe et retient tous les gaz provenant de leur putréfaction; elle agit à la manière des corps poreux, de l'éponge, qui ne laissent plus dégager les matières volatiles, qui ne laissent plus s'écouler les liquides qu'ils ont absorbés.

Fumiers en couverture.

Il est bien vrai qu'on emploie quelquefois les *fumiers en couverture*, notamment pour les grains d'hiver et les prés, et qu'on en tire de bons résultats, surtout dans les sols légers, sablonneux et calcaires ; toutefois, on doit dire que cette méthode cause une perte énorme en principes utiles, qu'il y ait excès ou défaut d'humidité. Presque toute la partie animalisée de l'engrais se trouve décomposée et réduite en gaz fertilisants qui se dissipent dans l'air ; la majeure partie des sels solubles sont entraînés par les eaux de pluie, et il ne reste bientôt plus que la portion pailleuse et végétale du fumier, qui n'a que bien peu de valeur lorsqu'on l'enterre ensuite.

Les fumiers en couverture ne pourraient être avantageux que pour les prés et les prairies artificielles, récoltes qui demeurent longtemps en terre sans être labourées, mais encore, dans ce cas, il y

aura toujours plus d'avantage à remplacer les fumiers par du terreau et des
composts ou des engrais liquides ou pul-
vérulents, qui offrent plus de facilité
dans la répartition, ou plus d'économie
dans les transports, ou moins de pertes
en principes utiles, par suite de leur
contact avec l'air, ou un prix d'achat
moins élevé.

Rien ne nuit plus aux récoltes qu'une
fumure inégale, et c'est là un des graves
inconvients des fumiers en couverture
appliqués aux prairies naturelles et artificielles. Des expériences continuées pendant treize ans à Hoheinheim démon-
trent que, sous le rapport du bénéfice
net, il n'est nullement avantageux de
consacrer les fumiers proprement dits
aux prairies, toutes les fois que le culti-

vateur possède des terres de labour sur lesquelles il peut les employer utilement; elles font voir encore que les prairies améliorées au moyen de composts, donnent un produit supérieur à celui des prés fortement fumés avec de l'engrais d'étable.

Composts du Cotentin pour les herbages.

Voici le mode de fumure employé pour les herbages, dans le Cotentin et dans le pays d'Auge :

Là, on fait ce qu'on appelle des *tombes ;* ce sont des mélanges de terre, de fumier et de chaux, en diverses proportions, réduits à l'état de terreau par leur décomposition et par le maniement de la masse à plusieurs reprises.

Pour former une *tombe*, on commence

par rassembler la masse de terre nécessaire, et pour augmenter en même temps
la hauteur de la terre végétale de la
prairie, on affecte avantageusement à
cette destination des terres de chemins,
des boues, des marcs, des vases de fossés, etc., qui forment un terreau précieux, à cause de l'abondance des débris
végétaux qui s'y trouvent.

Lorsque ces éléments manquent ou
qu'ils sont insuffisants, on laboure dans
une partie de l'herbage que l'on veut
engraisser, une étendue de terrain assez
grande pour fournir le volume de terre
dont on a besoin. Ce défrichement porte
le nom de *chancière*. On a soin de l'opérer ordinairement dans *la partie la plus
élevée de la pièce, dans l'endroit le plus
ombragé, et dans celui que fréquentent de
préférence les bestiaux.*

La terre étant bien ameublie, on y in-incorpore le fumier consommé, par lits alternatifs, jusqu'à ce que la masse ait une hauteur de 60 centim. à 1 mètre. C'est avant l'hiver que l'on fait ce mé-lange. Au bout de quelques mois, on *recoupe* la tombe, c'est-à-dire qu'on la démolit pour la reformer de nouveau en mélangeant les matières. Cette opération se renouvelle quatre à cinq fois jusqu'à ce que la tombe soit apprêtée.

Il n'y a pas de règles fixes pour la quantité de fumier ; plus il y en a, plus les tombes sont réputées bonnes. On calcule approximativement la quantité de fumier, sur le besoin qu'a l'herbage d'être engraissé. Cependant, nous pensons qu'avec 1 mètre cube de bon fumier sur 10 mètres cubes de terre, on peut obtenir des résultats satisfaisants.

La quantité de chaux qu'on ajoute aux tombes n'est pas déterminée; cependant un hectolitre 1/2 peut suffire pour 10 mètres cubes de terre. Les bons cultivateurs ne l'introduisent que quinze jours avant l'épandage, sous forme de morceaux, en profitant de l'occasion d'un *recoupage*. Les pierres, placées de distance en distance, sont enfouies assez avant dans la tombe pour qu'elles soient à l'abri des eaux pluviales qui, sans cette précaution, les changeraient en mortier, et pour qu'elles *s'éteignent doucement* ou soient réduites en poudre uniquement par l'action de l'humidité de la terre.

Lorsqu'on a reconnu que la chaux est éteinte, on profite, s'il est possible, d'une journée sèche pour *découper* la tombe, c'est-à-dire opérer le mélange aussi complet que possible de l'élément calcaire avec le restant de la masse. On fait ordinairement deux recoupages.

Comme la chaux a. pour effet de chasser l'ammoniaque des engrais animaux, il serait préférable de la remplacer par de la marne bien divisée, ou par tout autre calcaire en poudre, ou mieux de faire deux tombes : l'une de terre et fumier, l'autre de terre et chaux; cette dernière ne serait répandue qu'après la première. On serait certain, de cette manière, de ne perdre aucun des principes utiles du fumier.

C'est au commencement de février qu'on emploie les tombes, ainsi préparées, pour la fumure des herbages. L'action de l'engrais a le temps de se faire sentir à l'herbe avant le printemps. L'effet des tombes dure de huit à neuf ans.

Leur utilité est tellement reconnue dans le Bessin, que dans les baux on stipule que le fermier sera tenu d'engraisser ses herbages et prairies au moins une fois pendant la durée du bail, qui est toujours de neuf ans.

V.

DES MATIERES

Qui peuvent suppléer aux fumiers.

On est loin généralement de produire, dans chaque ferme, toute la quantité de fumier qui serait nécessaire pour mettre les terres dans l'état le plus complet de production.

Les cultivateurs disent qu'ils manquent d'engrais, mais ils est facile de leur prouver qu'ils crient misère, à côté de trésors de fertilité qu'ils négligent ou qu'ils n'aperçoivent pas.

Urines et matières fécales.

La science et la pratique indiquent qu'avec une barrique d'urine humaine, on peut avoir plus de 1/2 hectolitre de froment; qu'avec une barrique de matières fécales, on a presque 1 hectolitre de blé.

Pourquoi donc ne pas avoir, comme en Flandre, des réservoirs pour recueillir ces matières qui ne coûtent presque rien et qui produisent tant ? Savez-vous-bien que les excréments solides et liquides d'un homme s'élèvent par jour à 750 grammes

(625 gr. d'urine et 125 gr. de matière fécale), ce qui fait au bout de l'année 272 kil. d'un engrais excessivement riche suffisant pour faire croître 400 kil. de blé, de seigle, d'orge ou d'avoine ?

M. Bodin de la **Pichonnerie** fait jeter tous les jours dans une fosse bétonnée et bien close, les déjections de 5 personnes qui composent sa maison ; de temps en temps, il y fait jeter de la poudre de charbon de bois qu'on peut remplacer par de la tourbe bien sèche, et, au bout de l'an, il en retire de quoi fumer 2 hectares de terre. Voilà certes une fumure qui coûte bien peu de chose !

Pourquoi donc ne pas imiter, dans toutes les fermes, ce propriétaire éclairé ?

La ferme de la Guérinière, située à Cormelles près Caen, n'a rapporté pendant de longues années que de très chétives récoltes; plusieurs fermiers s'y étaient ruinés, lorsque M. Jardin, entrepreneur de la maison centrale de détention de Beaulieu, en fit l'acquisition. Chaque jour, il y a fait transporter un tonneau de matières fécales fraîches et depuis 15 ans, cette ferme, dont beaucoup de pièces n'offrent pas plus de 3 à 4 centimètres de terre végétale, n'a pas cessé de donner les plus belles récoltes du pays.

Sachez-le bien, c'est avec la *gadoue* qu'en Chine, en Toscane, en Hollande, à Nice, en Belgique, dans le nord de la France, en Alsace, on obtient de magnifiques récoltes Aux portes de Dieppe, M. J. Reiset tire un merveilleux parti, depuis deux ans, des vidanges de cette ville, et montre à ses voisins, par les superbes et abondants produits qu'il obtient, l'importauce des matières fécales comme engrais.

Tourteaux de colza.

Pourquoi ne pas utiliser, en plus grande quantité, les *marcs ou tourteaux* de colza qui restent après le travail de l'huilerie, et vous laisser enlever, chaque année, par les Belges et les Anglais, près de 3 millions de kilogrammes d'une matière que vous pourriez employer avec tant d'avantage à l'engraissement de vos animaux et surtout à fertiliser vos champs ?

Avec ı 200 kil. de tourteaux de colza, de chanvre, de lin ou d'œillette, on fertilise ı hectare de terre ; c'est avec cette sorte d'engrais qu'on obtient les plus beaux colzas et les plus beaux blés.

Soyez bien convaincus qu'exporter le

tourteau de colza, c'est exporter la fertilité de vos terres.

Marc de pommes.

Pourquoi laissez-vous pourrir, sans aucun profit, dans vos cours, ces monceaux de marc de pommes qui mêlé, à de la terre et à un peu de chaux, forme un excellent compost propre à tous les sols.

M. Leroy, cultivateur à St.-Georges-en-Auge (Calvados), tire un merveilleux parti de ce compost pour ses herbages. Voici comment on le prépare :

On stratifie 1 hectolitre 1/2 de terre avec 1 hectolitre 1/2 de marc et 1 hectol. de chaux vive en petits morceaux. Trois jours après, la chaux s'est délitée; on opère le mélange de toutes les matières, à la bêche. Au bout de 3 semaines, on recoupe une seconde fois ; trois mois après, nouveau mélange. Le douzième mois, on recoupe encore et on peut employer le compost. A cette époque, le marc est entièrement détruit, on n'en aperçoit plus aucun vestige.

On peut encore convertir le marc de pommes en engrais, en le mettant par couches alternatives avec le fumier; il est alors inutile d'ajouter de la couperose ou des acides dans la fosse à purin; l'acide que renferme le marc suffit pour arrêter le dégagement des gaz fertilisants.

Autres résidus à utiliser.

Et tous ces débris d'animaux, tels que cadavres de bêtes mortes, sang, os de boucherie cassés menus, chiffons de laine, crins; poils, cheveux, bourres, drayures de peaux, rognures de cuir, plumes, rapures de cornes, etc., qui se perdent en détail, et qui, réunis, représentent un capital considérable ?

Et les cendres de vos foyers, la suie, les gravois et les plâtras de démolition, les coquilles d'œufs et de moules, les écailles d'huîtres, les boues, les vases d'égoûts et de fossés, la tannée, la tourbe, la sciure de bois, les débris de paille, les balayures de maisons et des greniers à foin et à grains, qui ne coûtent que la peine de les ramasser, et qui, broyés ou fermentés avec de la chaux ont une si puissante action ?

Vous négligez tout cela, alors que dans les pays d'agriculture perfectionnée tout est recueilli, tout a sa place, tout se retrouve ; rien n'est poussé au feu qui détruit et annule !

Ces nombreux résidus doivent être employés à faire des composts, qui sont spécialement propres à féconder les prairies, mais qui sont aussi très bons pour toutes les récoltes.

La chaux convient très bien pour aider à la désagrégation des parties ligneuses, des herbes sèches, des feuilles, des boues et vidanges, et pour activer la maturité des composts dans lesquels il entre beaucoup de ces matières organiques qui résistent à la putréfaction. Mais il faut avoir l'attention de ne jamais ajouter de la chaux aux matières fécales, au purin, aux urines, aux fumiers animaux, car alors on provoquerait le dégagement de l'alcali volatil, et on réduirait beaucoup la valeur de ces engrais.

Vous voyez bien, Messieurs les cultivateurs, que c'est uniquement de votre faute si vous avez généralement de si chétives récoltes. Sans engrais, pas d'agriculture ; sans beaucoup d'engrais, pas de bonne agriculture, pas de riches moissons. L'engrais, sachez-le bien, c'est de l'argent monnayé, et celui qui ne sait pas utiliser ces immenses ressources que, dans toutes les positions, dans toutes les localités, on a sous la main, pour entretenir ou accroître la fertilité du sol, ressemble à un prodigue ou à un étourdi qui passe à côté de pièces de 5 francs sans les ramasser.

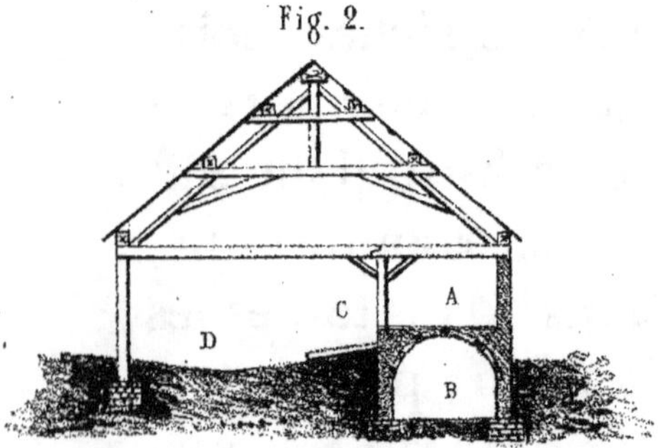

Fig. 2.

Coupe d'une Etable Belge.

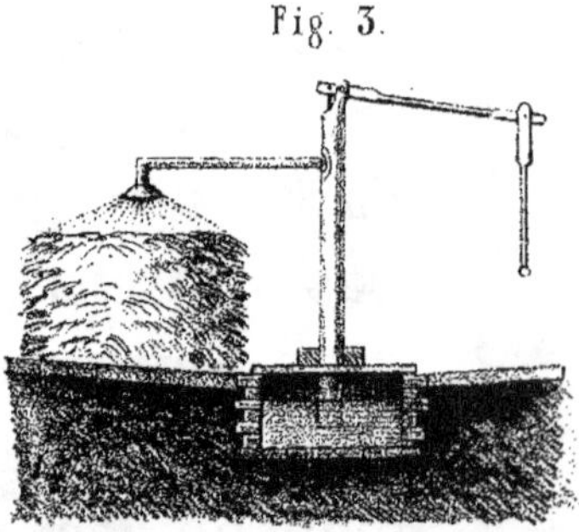

Fig. 3.

Coupe d'une Fumière perfectionnée.

Fig. 1re.

Tonneau Flamand pour répandre le purin et les urines.

MILICE del.

Lith. A. PÉRON, R.